Paris
[1859]

Reclus, Jean-Jacques Élisée

Étude sur les fleuves

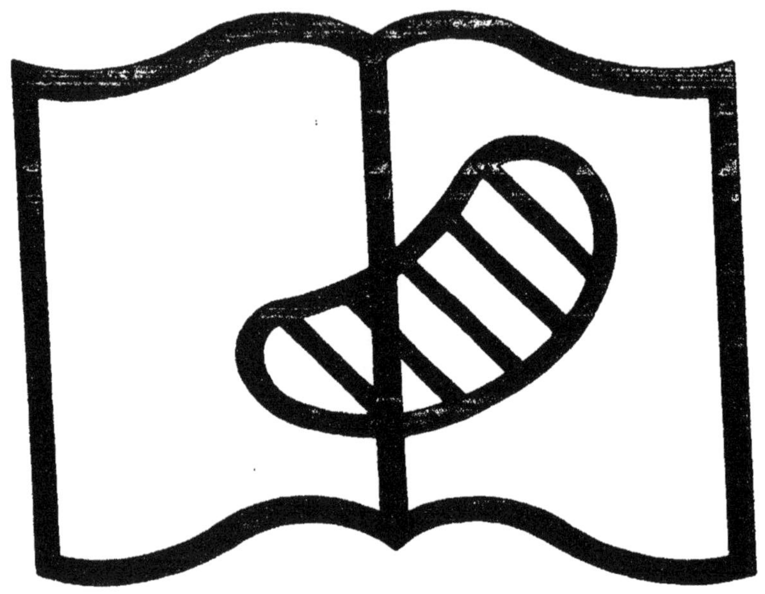

Symbole applicable
pour tout, ou partie
des documents microfilmés

Original illisible

NF Z 43-120-10

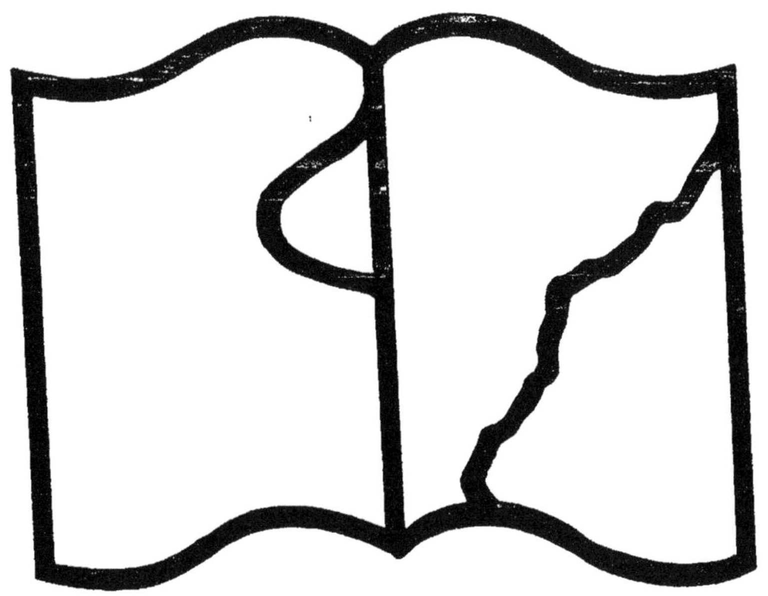

**Symbole applicable
pour tout, ou partie
des documents microfilmés**

Texte détérioré — reliure défectueuse

NF Z 43-120-11

EXTRAIT DU BULLETIN DE LA SOCIÉTÉ DE GÉOGRAPHIE

(Août 1859.)

ÉTUDE

SUR LES FLEUVES

PAR

M. ÉLISÉE RECLUS.

La circulation des eaux commence avec le flocon de neige qui tombe sur le sommet le plus élevé des montagnes. S'il n'est pas aussitôt après sa chute saisi par un tourbillon et lancé dans une vallée profonde, ou s'il ne s'écroule pas le long des pentes avec l'avalanche, ce flocon ne restera pas immobile à l'endroit où il est tombé, mais commencera aussitôt son voyage vers l'Océan. En effet, la chaleur propre de la terre s'échappant constamment de la surface des rocs, mais ne pouvant pas rayonner dans l'atmosphère à cause de la masse de neige étendue sur le flanc des montagnes, s'accumule peu à peu et parvient à fondre la surface inférieure de la plus ancienne des couches neigeuses ; celle-ci descend lentement le long des pentes lubrifiées des rochers, et toutes les couches

1

1859

qui lui étaient superposées s'affaissent à l'endroit qu'elle vient de quitter; sous l'influence de la chaleur terrestre, la nouvelle couche devient à son tour molle et fondante, et descend à la suite de la première. Ainsi, bien que les orages et les tourbillons apportent sans cesse de la neige sur les sommets, la masse entière reste toujours à peu près la même, et perd par la surface inférieure autant qu'elle gagne par la surface d'en haut.

A mesure que, sollicité par son propre poids, le névé descend dans les gorges étroites des montagnes, les couches superficielles de la neige exposées aux rayons du soleil, fondent çà et là et forment de petits filets d'eau qui pénètrent à travers l'énorme masse qu'elles recouvrent; mais là, ces filets d'eau exposés à un froid intense, se congèlent de nouveau et deviennent des veines de glace du plus bel azur; les quelques flaques d'eau produites çà et là pendant le jour par les rayons ardents du soleil se transforment également en glace pendant les froides nuits; c'est ainsi que peu à peu, par une succession de fontes et de congélations, la neige se change en glace bleue et transparente.

Le glacier est un véritable fleuve, bien que ses vagues solidifiées n'avancent qu'avec une lenteur séculaire. Encaissé entre deux flancs abrupts comme entre deux rives, sa surface est hérissée de véritables flots partout où de grandes pierres l'ont garantie des rayons du soleil; et ces pierres elles-mêmes vont à la dérive dans le courant du glacier, comme les troncs d'arbres que charrient les grands fleuves.

Que la gorge soit large de plusieurs kilomètres ou seulement de quelques centaines de pieds, les glaces douées d'une certaine viscosité s'épandent en largeur ou s'accumulent en profondeur, comme le feraient les eaux d'une rivière, et plus encore que les eaux, elles rongent leurs bords, creusent de profonds sillons dans le roc vif, et emportent souvent d'énormes quantités de débris, comme de grossières alluvions. Les rochers granitiques parsemés dans les campagnes de la Prusse et de la Finlande témoignent du pouvoir énorme de translation que possédaient les glaciers scandinaves, et nous savons que les montagnes de glace du continent austral, en se détachant des glaciers où elles se sont formées, entraînent également d'immenses débris.

De la base de la muraille perpendiculaire ou du milieu des blocs amoncelés du glacier jaillit un torrent que d'innombrables gouttelettes ont contribué à former et qui sourdait déjà depuis longtemps dans un tunnel sous-glacial. Ce torrent ne tarit jamais, car il est alimenté par ces énormes réservoirs de neige et de glace qui couvrent les sommets et remplissent les gorges, donnant à la fois l'eau qu'a fondue la chaleur du soleil dans les couches supérieures de neiges, et l'eau qui provient de l'action de la chaleur terrestre sur les couches inférieures.

Cependant toute l'eau produite par la fonte des neiges et des glaces ne s'écoule pas dans le torrent du glacier, mais de nombreux filets d'eau filtrent à travers les fissures des rocs, se réunissent dans les anfractuosités et les cavernes des montagnes, et forment des cours d'eau souterrains plus ou moins considérables. Souvent ceux-ci reparaissent au pied des montagnes sous forme de sources et de fontaines, et n'ont d'autre caractère distinctif que leur transparence et l'égalité de leur température; souvent aussi ils pénètrent à travers les couches rocheuses jusqu'à une immense profondeur, acquièrent graduellement une température très élevée, et remontent vers la surface, imprégnés de substances salines ou minérales; ils forment alors ces eaux thermales que visitent chaque année les malades et les hommes de loisir.

Nombre de courants d'eau souterrains ne reparaissent jamais à la surface, surtout dans les régions où prédominent les roches calcaires. Pour n'en citer qu'un exemple, la Peuka ou Poïk, rivière considérable que l'on suit jusqu'à une certaine distance dans l'intérieur de la grotte d'Adelsberg, s'engouffre tout à coup dans le sol, et c'est seulement à 30 kilomètres plus loin qu'elle rejaillit impétueusement du sol sous le nom de Timava. La plupart des eaux que l'on voit dans les grottes restent souterraines pendant toute la longueur de leur cours et se déversent dans l'Océan par des embouchures sous-marines. Il est probable que la quantité d'eau qui se cache sous nos pieds est beaucoup plus considérable que celle des eaux visibles; un simple trou de sonde foré à travers les couches du terrain donne souvent de véritables ruisseaux. C'est dans les pays les plus arides que coulent les rivières intérieures les plus abondantes; ainsi le désert de Sahara semble reposer sur une véritable mer que le génie de l'homme parviendra sans doute à ramener à la surface du sol pour le fertiliser et transformer le désert en paradis terrestre.

D'immenses empires futurs attendent sous les sables
que l'homme les réveille de leur néant ; le domaine de la
civilisation s'agrandira, ici par le desséchement des
terres marécageuses, là par l'irrigation des terres arides,
et l'homme opérera la séparation des deux éléments,
liquide et solide, partout où le chaos primitif subsiste
encore, soit à la surface, soit dans les profondeurs
mêmes de la terre.

Il est peu de rivières d'une longueur assez considérable qui aient trouvé pour creuser leurs lits une pente
uniforme, des champs de neige jusqu'aux rivages de la
mer ; la plupart rencontrent dans leur cours, et surtout
près de leurs sources, une chaîne de montagnes, un
plateau, ou bien un renflement très prononcé de la
surface terrestre. Encaissées dans une vallée étroite,
et ne pouvant tourner la barrière qui se dresse en travers de leur courant, les eaux de la rivière s'accumulent et s'enflent jusqu'à ce qu'elles puissent s'échapper
par-dessus les obstacles qui les environnent, ou bien
jusqu'à ce que l'évaporation leur enlève une quantité
d'eau égale à celle que leur apportent les sources, les
glaciers et les champs de neige. Dans les deux cas,
l'obstruction donne naissance à un lac. Les continents dont les plateaux sont larges et massifs, l'Asie et
l'Afrique surtout, sont remarquables par le nombre
des fleuves qui n'arrivent pas jusqu'à l'Océan et forment des lacs intérieurs sans effluents. Dans ces grandes masses continentales, le renflement de la croûte
terrestre s'étend sur de trop larges espaces, l'air est
trop sec et trop altéré d'humidité pour que les eaux de
l'intérieur puissent passer par-dessus les rebords de

leur bassin et s'épancher jusqu'à la mer. Ainsi l'atmosphère aride des steppes absorbe toute l'eau que le
Volga, l'Oural et d'autres fleuves déversent dans la
mer Caspienne; l'on dirait même que l'évaporation
enlève de nos jours plus d'eau que n'en apportent les
affluents, puisque le niveau de la mer Caspienne s'a-
baisse constamment tandis que sa profondeur diminue.
Chose remarquable! tous ces lacs intérieurs sont des
lacs salés ; des mers en miniature. Les matières salines
en dissolution que charrient les affluents se mêlent aux
eaux du lac ; mais tandis que celles-ci s'évaporent, le
sel reste, et, s'augmentant constamment des apports
que leur font les fleuves pendant le cours des siècles,
les eaux du lac finissent par devenir aussi salées ou
même plus salées que celles de l'Océan. Partout où
les eaux s'accumulent dans un bassin continental dé-
pourvu d'effluents, il se forme un lac semblable à la
mer par la composition chimique de ses eaux.

La pénétration réciproque des terres et des mers est
telle que non-seulement les continents sont enveloppés
par les océans, mais que leur surface est encore par-
semée d'océans sporadiques.

Dans les continents où les massifs et chaînes de
montagnes sont environnés de plaines et où les plateaux n'ont que peu d'importance, en Europe par
exemple, il ne se forme pas de lacs d'eau salée ; après
avoir rempli les vallées longitudinales qui s'étendent
au pied des montagnes, les torrents s'épanchent par-
dessus le seuil le moins élevé de leurs digues naturelles et descendent vers la mer de terrasse en terrasse, ou par une pente graduelle. Les lacs d'eau

douce qu'ils forment avant de quitter le massif monta-
gneux où ils ont pris leur source, sont d'une importance extrême pour toutes les contrées situées en aval.
En effet, quand la masse d'eau qui descend des montagnes est très considérable, le lac la reçoit dans son
vaste réservoir sans que le niveau en augmente beaucoup, et par suite, sans que l'affluent qui déverse le
surplus des eaux grossisse subitement en dévastant les
campagnes situées sur son parcours ; de même quand
les ruisseaux qui alimentent le lac se dessèchent, ou
diminuent de volume, le niveau du lac baisse très
lentement à cause de la vaste étendue de sa surface, et le fleuve auquel il donne issue n'est pas sen-
siblement amoindri. Les grands lacs, en gardant dans
leur vaste réservoir les eaux de l'inondation pour les
jours de sécheresse, sont de véritables régulateurs qui
établissent un système de compensation entre les saisons. Ils font dans la nature l'office des volcans ; ils
emmagasinent la surabondance de force pour la rendre
au besoin. Les lacs de la Suisse sont des exemples remarquables de ce système d'égalisation entre l'hiver
et l'été.

Autrefois le nombre de ces lacs régulateurs situés
vers la fin du cours supérieur des fleuves était beaucoup plus considérable qu'aujourd'hui ; mais ils tendent graduellement à disparaître, car la même loi
qui les a produits tend également à les détruire : cette
loi est celle de la pesanteur. L'eau mine incessamment
les rochers qui s'opposent à son courant ; elle se glisse
goutte à goutte dans les anfractuosités qu'ont produites
les agents atmosphériques, elle pénètre dans toutes les

failles qu'ont ouvertes les tremblements de terre ou
les lentes oscillations de la croûte terrestre ; elle dis-
sont et divise grain de sable par grain de sable le rocher que rien n'avait encore ébranlé. Les montagnes
qui barrent leur cours n'ont pour elles que la dureté
et l'épaisseur ; mais les eaux ont la loi immuable de
la pesanteur et le nombre infini des siècles. Après des
millions d'années, elles se fraient enfin un passage, et
traversent la montagne ou le plateau, laissant derrière
elles une plaine recouverte d'alluvions fertiles, nouveau
domaine conquis désormais à l'humanité. C'est ainsi
que le fleuve des Amazones a formé ce magnifique défilé ou *pongo* de Manzeriche, en minant si profondément les rochers qu'une grande partie des eaux et tout
le bois flottant du haut Marañon s'engloutissent dans
les abîmes mystérieux creusés au-dessous des montagnes. C'est ainsi que le Danube a desséché l'un après
l'autre les cinq bassins successifs qu'il traverse et qui
formaient autrefois cinq lacs semblables à ceux du Saint-
Laurent. De même aussi le Rhin, ce fleuve que Ritter
appelle le *fleuve héroïque*, a traversé dans toute sa longueur une chaîne de montagnes dont on ne voit plus
maintenant que les culées restées en place, d'un côté
les Vosges, de l'autre la forêt Noire. Les grands lacs de
l'Amérique du Nord ne se dessèchent-ils pas sous nos
yeux ? La cataracte du Niagara ronge incessamment
les rochers du haut desquels elle tombe, et recule vers
le lac avec une vitesse qu'on a pu calculer à quelques
milliers d'années près. A mesure que la cataracte s'é-
loigne du lac Ontario, elle diminue de hauteur parce
que la couche rocheuse du haut de laquelle elle se

précipite est inclinée vers le lac Érié, et, par suite, le niveau du lac Érié lui-même baisse dans la même proportion ; quand la cataracte aura reculé jusqu'au lac, celui-ci se desséchera tout entier, à moins pourtant qu'il n'ait déjà été rempli par l'énorme quantité de sédiment que lui apportent sans cesse les ruisseaux et les torrents.

Maintenant suivons le cours de ce fleuve qui vient d'émerger du lac d'eau douce. Dans la partie supérieure de son cours, il a déjà reçu tous les torrents des montagnes provenant de glace ou de neige fondues ; dans la partie moyenne et souvent, mais non pas toujours, dans la partie inférieure il va recevoir des affluents d'un autre genre, ceux qu'auront formés les pluies du ciel. Un grand nombre de fleuves même reçoivent seulement de l'eau de pluie ; et quand on pense à la masse d'eau qu'ils roulent dans l'espace d'une seconde, on se demande avec étonnement comment les nuages peuvent verser assez d'eau pour les alimenter. Et pourtant ces vastes courants ne reçoivent qu'une faible proportion des eaux de pluie qui tombent dans leur bassin : une grande partie de ces eaux pénètre dans le sol et sature les terres spongieuses ; une autre est absorbée par la végétation et sert avec l'ammoniaque et les sels qu'elle tient en dissolution à former les tissus des plantes ; une autre encore est immédiatement vaporisée par la chaleur du soleil avant qu'elle soit allée grossir la masse du fleuve. Celui-ci ne reçoit donc que le résidu des eaux de pluie, ce qui n'a pas disparu dans le sol, dans les plantes ou dans l'atmosphère. On a calculé que la Seine à Paris ne contient que la septième partie

des eaux de pluie tombées dans son bassin ; l'immense Mississipi n'en roule tout au plus que la dixième
dans son vaste lit.

Nous avons vu que les lacs régularisent le niveau
de leurs affluents en retenant le surplus de la fonte
des neiges pour le déverser plus tard pendant la sécheresse ; cependant ce débit de leurs eaux subit des variations assez considérables que viennent compenser
heureusement les affluents d'eau de pluie. En effet,
dans les régions tempérées, ceux-ci subissent également
des variations ; mais ces variations étant précisément
inverses de celles que subissent les affluents d'eau de
neige, le niveau du fleuve reste à une hauteur à peu
près normale. Les affluents d'eau de pluie diminuent
de volume à l'époque où grossissent les affluents des-
cendus des glaciers, c'est-à-dire en été ; en hiver et au
printemps, au contraire, les glaciers ne donnent que
très peu d'eau, tandis que les pluies inondent la plaine
et remplissent les rivières jusqu'aux bords ; c'est ainsi
que la crue d'un affluent fait équilibre à la sécheresse
de l'autre. On a souvent cité l'exemple du Rhône et de
la Saône ; pendant les chaleurs de l'été, celle-ci roule
en moyenne cinq fois moins d'eau qu'en hiver ; de son
côté, le Rhône est beaucoup plus élevé dans la même
saison ; mais quand il a opéré sa jonction avec la
Saône, la hauteur moyenne de ses eaux est à peu près
la même dans toutes les saisons de l'année.

Après avoir reçu ses affluents d'eau de pluie, le
fleuve descend généralement en droite ligne vers la
mer, rappelant ainsi le tronc élancé de l'arbre que
forme la réunion de toutes les branches latérales. Enfin

le fleuve se rapproche de la mer, la pente de la plaine qu'il parcourt diminue sans cesse, et lui, ne sachant quel chemin prendre dans cette plaine basse et uniforme, s'y creuse plusieurs lits et se déverse dans la mer par les nombreuses bouches de son delta, analogues aux premières grosses racines qui se montrent au-dessus du sol. Quelquefois la mer vient au-devant de lui et forme, pour le recevoir, un vaste estuaire, moitié flot, moitié sable.

Nous voyons qu'un fleuve se divise en trois parties bien distinctes : le cours supérieur ou de montagnes reçoit les affluents d'eau de glace et de neige, et descend comme un torrent fougueux dans un lac où ses eaux se calment et se purifient; le cours moyen ou celui de plaines commence au sortir du défilé par lequel s'est écoulé le lac, et reçoit les affluents d'eau de pluie; c'est la partie vraiment continentale du fleuve; le cours inférieur ou maritime comprend l'espace qui s'étend du sommet du delta ou de l'estuaire jusqu'au sein de la mer; il est caractérisé par les marées qui, deux fois par jour, changent la direction du courant et en font refluer l'eau vers la source. La partie du fleuve, toujours très courte, qui s'étend entre le dernier affluent et la première branche du delta, c'est-à-dire l'espace intermédiaire entre le cours moyen et le cours inférieur, pourrait emprunter à la botanique le nom de *collet.*

La grande différence qui existe entre les continents sous le rapport de l'étendue et de l'élévation, a nécessité pour les fleuves une grande diversité de direction; mais dans chaque continent pris à part, on peut observer une singulière unité de plan. L'Asie, dont le plateau central est occupé par plusieurs bassins fermés, est surtout remarquable par ses trois systèmes de fleuves-jumeaux, le Hoang-ho-Yant-se-Kiang, le Gange-Brahmapoutra et le Tigre-Euphrate. Dans chacun de ces couples, deux fleuves prennent leur source dans le même système de montagnes à côté l'un de l'autre, puis s'éloignent dans les directions opposées, et après avoir fait un vaste demi-cercle à travers le continent, reviennent l'un vers l'autre se perdre dans le même delta. Ce qui augmente encore l'analogie qu'ont entre eux ces doubles fleuves, c'est qu'ils déversent respectivement leurs eaux dans chacune des mers situées à l'orient des trois péninsules méridionales de l'Asie ; le Shat-et-Arab dans le golfe Persique, à l'orient de l'Arabie ; le Gange, dans le golfe du Bengale, à l'orient de l'Inde ; le système des fleuves chinois dans l'océan Pacifique, à l'orient de l'Indo-Chine. Cependant nous devrions encore admettre un quatrième système de fleuves accouplés, l'Indus-Sutledj, qui forme la limite occidentale de l'Hindoustan ; les deux confluents unissent leurs cours, il est vrai, à une assez grande distance de l'embouchure, mais leur cours inférieur a tout à fait le caractère d'un delta errant sans cesse à la recherche d'un nouveau lit. L'Indus et le Sutledj probablement séparés autrefois, se sont réunis par suite de l'allongement considérable du delta commun formé par leurs alluvions. Du temps de Néarque, les bouches du Tigre et de l'Euphrate qui étaient à une bonne journée de marche l'une de l'autre, s'unissent de nos jours sur une assez grande distance .

et forment le Schat-el-Arab. Ainsi, nous pouvons compter l'Indus et le Sutledj parmi les doubles fleuves, puisque leurs sources sont très rapprochées l'une de l'autre, la direction de leurs eaux tout à fait distinctes et leur embouchure commune. Les sources de ce quatrième groupe de fleuves descendant du massif de montagnes qui donne naissance au Gange et au Jarun-Tsamobo ou Brahmapoutra, on voit au nord de l'Indoustan un double système de fleuves accouplés qui se rejoignent presque entièrement par leurs sources et isolent la péninsule d'une manière complète. Partis du même point, ces quatre fleuves, les plus considérables de l'Inde, obéissant ainsi à la double loi de l'harmonie et du contraste, prennent des directions opposées l'une à l'autre, puis, après d'énormes circuits, se réunissent deux à deux, l'Indus-Sutledj à l'occident, le Gange-Bramahpootrah à l'orient. Ce sont les quatre animaux de la légende indoue, l'éléphant, le cerf, la vache et le tigre, qui, du haut d'un même pic de la montagne sacrée, bondissent vers les plaines vertes de l'Indoustan.

En Europe, les Alpes et les chaînes de montagnes qui s'y rattachent déterminent le caractère du système des eaux. — Des flancs du Saint-Gothard, centre du massif des Alpes, s'échappent, sans compter la Reuss, trois fleuves, le Rhin, le Rhône et le Tessin, qui vont se perdre dans trois mers opposées l'une à l'autre : la mer du Nord, la Méditerranée et la mer Adriatique. Deux autres cours d'eau, sans descendre du Saint-Gothard lui-même, prennent leur source dans sa proximité : ce sont l'Adige et l'Inn, rivière beaucoup plus

importante que le Danube, dans lequel il va se jeter.
Voilà donc cinq fleuves qui rayonnent autour des Alpes
vers quatre mers, non pas sous forme de doubles systèmes, mais comme fleuves isolés. La masse continentale de l'Asie est si considérable que, pour éta-
blir la circulation des eaux du massif central à la
circonférence, les fleuves qui arrosent la partie pénin-
sulaire, c'est-à-dire la partie la plus richement orga-
nisée, se sont dédoublés pour ainsi dire pendant toute
l'étendue de leur cours. En Europe, le rayonnement
de fleuves simples autour du massif des Alpes suffit à
l'irrigation du territoire.

Les principaux cours d'eau de l'Europe qui ne descendent pas du massif du Saint-Gothard coulent au
nord de cette ligne de montagnes à peu près
continue que forment à travers le continent les
chaînes des Pyrénées, des Cévennes, des Alpes et
des Carpathes. Au sud descendent des rivières peu
considérables à cause du peu de largeur qu'offre en
Europe le versant méditerranéen; mais il est à remar-
quer que ce n'est point exactement la ligne des sommets qui marque la division ou le partage des eaux
qui coulent les unes vers le nord, les autres vers le
sud; la pénétration réciproque des bassins des rivières
opposées est complète; ils s'emboîtent pour ainsi dire
les uns dans les autres. Tel fleuve qui coule au nord
reçoit ses affluents de la partie méridionale des montagnes, et tel autre qui coule au midi les reçoit du
nord. C'est ainsi que dans le Tatra, la division des
versants, loin de se confondre avec la ligne des sommets, coupe transversalement la chaîne de montagnes.

L'Arwa, venant du nord, perce la chaîne de montagnes pour aller se jeter dans la Theiss, et le Poprat, prenant sa source au midi, se creuse un chemin à travers les gorges pour rejoindre la Vistule.

Dans l'Amérique septentrionale, il y a un rayonnement de fleuves comme en Europe, mais autour de trois centres, dont deux sont des massifs de montagnes, et l'autre une simple élévation graduelle et insensible des plaines. Vers le 44° degré de latitude nord se trouve le massif des montagnes Rocheuses où le Missouri, la Colombie et le Colorado, les trois plus grands fleuves de l'ouest, prennent leur source et rayonnent chacun dans une direction opposée; plus au sud, mais toujours dans l'angle que forment ensemble le cours du Colorado et celui des affluents du Missouri, commence le Rio Grande del Norte, complétant ainsi le rayonnement des grands fleuves autour d'un massif élevé des montagnes Rocheuses. A 10 degrés plus au nord, dans le voisinage du pic de Browne, jaillissent les sources du Fraser, du Saskatschavan, de l'Athapasca, de la rivière de la Paix et de quelques affluents importants du Mackenzie; c'est donc là qu'est situé le deuxième centre de rayonnement des eaux. Quant au centre des fleuves de plaine, il est situé un peu à l'ouest du lac Supérieur, aux environs des lacs Rouge, d'Itasca, des Bois et de tant d'autres nappes d'eau douce qui parsèment la partie la plus élevée des plaines centrales de l'Amérique du nord. Là se trouvent les sources du Mississipi proprement dit, du Saint-Laurent et de la rivière Rouge du nord, que l'on peut dire se continuer jusqu'au fleuve Mackenzie par ce long enchaînement de vastes lacs et de rivières paresseuses qui s'étend du lac Winnipeg au lac des Esclaves. Le centre de rayonnement des plaines sert à relier les deux centres de la chaîne des Rocheuses; il en est le complément.

Ainsi nous pouvons dire que le Mississipi descend à la fois de deux centres de rayonnement qu'il relie l'un à l'autre par le gigantesque développement de son cours; fleuve de montagnes par le Missouri, fleuve de plaines par le haut Mississipi, il est essentiellement double. Le Mackenzie a également ce caractère de dualité, bien qu'à un moindre degré, puisqu'il lui vient à la fois des affluents de la région des lacs et de la chaîne des Rocheuses.

L'Amérique du Sud est par excellence le pays des fleuves. Là se déroulent l'immense Amazone que les navires peuvent remonter jusqu'à plus de 5000 kilomètres à l'intérieur, le Parana et l'Orénoque, dont le bassin est trois fois moindre que celui du Mississipi, et qui cependant porte à la mer une quantité d'eau beaucoup plus considérable que ce fleuve injustement surnommé le Père des eaux. A cause du peu de largeur qu'offre le versant du Pacifique, tous les grands cours d'eau de l'Amérique méridionale coulent dans les plaines situées à l'est du continent; mais ils ne prennent pas tous leur source dans la chaîne des Cordillères; l'Orénoque a son origine dans les montagnes de la Guyane, le Marañon dans les Andes et le Parana ainsi que la plupart de ses affluents dans les plateaux de l'intérieur du Brésil. Ces fleuves ne rayonnent pas autour d'un même centre, mais appartiennent au contraire, à deux bassins hydrographiques parfaitement distincts et se croisant à angles droits. En effet, le bassin de l'Amazone se dirige de l'occident à l'orient, tandis que les plateaux et les plaines du centre du continent forment dans le sens du méridien un bassin transversal à celui de l'Amazone, et sont arrosés au nord par l'Orénoque et le Rio Negro, au sud par le Tapajoz, le Paraguay et la rivière Argentine. Mais ce qui est vraiment remarquable et distingue le système hydrographique de l'Amérique du Sud, c'est que les fleuves principaux communiquent l'un avec l'autre et forment une ligne non interrompue d'eau courante du nord au sud, de la bouche du Dragon à l'estuaire de la Plata. Déjà depuis plus d'un demi-siècle, Humboldt a mis hors de doute que le Cassiquiare déverse ses eaux à la fois dans l'Orénoque et dans le Rio Negro ; quant aux communications entre le Tapajoz et le Paraguay, elles sont beaucoup moins complètes, mais elles existent néanmoins en beaucoup d'endroits. D'après M. de Castelnau, le propriétaire de la ferme Estivado arrose son jardin en détournant les eaux d'un affluent du Paraguay dans le lit du Tapajoz et déverse à volonté ses rigoles d'irrigation par le versant nord ou par le versant sud du continent ; de même près de Macu, coule un torrent qui, lors des inondations, se divise en deux courants, dont l'un appartient au système de la Plata, et l'autre au système de l'Amazone. Ainsi trois bassins de fleuves sont rattachés l'un à l'autre par des eaux courantes de la mer des Caraïbes à l'océan Atlantique.

Les rivières qui se jettent dans l'Amazone et dans la rivière Argentine suivent une direction parallèle à celle du Tapajoz et du Rio Negro ; les affluents de

2

l'Orénoque, au contraire, suivent la même direction que le fleuve des Amazones; il est donc vrai. de dire que le système hydrographique de l'Amérique du Sud comprend deux bassins parfaitement distincts et transversaux l'un à l'autre. Quant au Rio Magdalena, il est tout à fait à part, et cependant lui aussi coule du sud au nord, dans le même sens que les affluents méridionaux de l'Amazone.

Dans la partie du monde la plus massive de formes et la moins articulée, nous retrouvons la même harmonie entre les cours d'eau et le continent. Les grands fleuves de l'Afrique prennent leur source à d'énormes distances les uns des autres et n'offrent dans la disposition générale de leur cours que des ressemblances fugitives. Ce qui les distingue en général des fleuves des autres contrées, c'est le manque de ramifications; en cela ils rappellent leur propre continent, gigantesque tronc sans branches péninsulaires. De Syène à Rosette, sur une longueur de 7 degrés, le Nil ne reçoit pas un seul affluent.

L'Australie est encore moins connue que le continent africain, mais il est certain qu'elle est encore plus pauvre en fleuves que ce dernier; à l'exception du Murray, de son affluent le Darling et de quelques autres rivières navigables en toute saison, la plupart des cours d'eau de l'Australie n'ont guère d'existence que pendant la saison des pluies; et en été, leurs lits ne sont marqués de loin en loin que par des flaques d'eau croupissante. Leur caractère spécial semble être la périodicité.

Ainsi l'Asie se distingue par le rayonnement autour d'un grand plateau central de fleuves simples au nord, binaires au sud et à l'est.

L'Europe, par un rayonnement de fleuves simples autour d'un massif de montagnes.

L'Amérique septentrionale, par un rayonnement de fleuves autour de trois centres, dont deux, massifs élevés d'une chaîne de montagnes, sont reliés par le troisième, situé dans une élévation des plaines.

L'Amérique méridionale, par le croisement de deux bassins transversaux l'un à l'autre et l'union continue des systèmes de fleuves.

L'Afrique, par l'indépendance de ses fleuves et leur pauvreté d'affluents.

L'Australie, par la rareté des fleuves et la périodicité de leur existence.

C'est ainsi que la forme de chaque continent et les phénomènes climatiques qui leur sont propres ont déterminé la naissance de fleuves modelés sur un même type dans chaque partie du monde. Tous les corps continentaux différant les uns des autres, il a fallu que le système circulatoire de chacun d'eux fût organisé de manière à s'harmoniser parfaitement avec la forme du corps qu'ils devaient vivifier.

La masse d'eau reçue par l'Atlantique est beaucoup plus considérable que celle qui se déverse dans le grand océan Pacifique ; ce fait est une conséquence nécessaire de la disposition annulaire des continents américains, dont la pente tournée vers le Pacifique, est à peu près dix fois moins large en moyenne que le versant de l'Atlantique sa contre-pente. C'est dans le double continent américain surtout que les campagnes inclinées du côté de la mer du Sud sont pauvres en courants d'eau ; on a calculé que le Colorado, la rivière la plus importante de ce versant après l'Orégon, roule une masse d'eau soixante-dix fois moins considérable que le Mississipi ; et dans l'Amérique du Sud, les torrents du Pérou et du Chili auraient à peine le titre de ruisseaux sur les bords du gigantesque Marañon.

Autre fait remarquable, les rivières sont d'autant plus abondantes qu'elles coulent dans des pays où elles sont plus nécessaires. Dans les régions de la zone torride où la chaleur du soleil est si intense, toute végétation deviendrait impossible et toute vie serait condamnée, si l'air brûlant n'était pas saturé d'humidité. Or, toutes choses étant égales d'ailleurs, la quantité de pluie est proportionnelle à la chaleur du soleil ; les fleuves des régions tropicales roulent, par conséquent, une masse d'eau beaucoup plus considérable que ceux des zones tempérées, et pendant les saisons de sécheresse fournissent par l'évaporation l'humidité nécessaire à l'atmosphère. C'est ainsi que l'Orénoque roule en proportion, si nous comparons la superficie des bassins, quatre fois plus d'eau que le Mississipi. Quant à l'Amazone, dont le cours n'est pas aussi long que celui du Missouri-Mississipi, et dont le bassin n'est que double, sa masse d'eau est égale à celle de six Mississipi ; aussi, lors des pluies périodiques, son lit couvre-t-il 200 kilomètres de large.

Après avoir décrit les fleuves et leur distribution sur la surface des continents, il nous reste à parler de leurs fonctions dans la vie du globe. On a souvent dit qu'un paysage ne peut être vraiment beau quand il lui

manque le frémissement d'un lac ou le mouvement des
eaux courantes ; c'est qu'en effet l'homme dont la vie
est si courte, et, par conséquent, si mobile, a une hor-
reur instinctive de l'immobilité ; il faut, pour qu'il sente
la vie de la nature, que le mouvement et le bruit la
témoignent à ses sens, ne pouvant apprécier que par
de longues réflexions la grandeur des mouvements
séculaires de la croûte terrestre, il lui faut les bonds
rapides de l'eau jaillissant de cascade en cascade ou
l'ondulation harmonieuse des vagues, de plus, il lui
faut encore le contraste du stable et de l'instable, du
mouvement et de l'immobilité. Voilà pourquoi des
champs de neige à perte de vue, un désert sans eau,
un ciel sans nuages, une mer sans bords, ne peuvent
exciter en lui qu'une sombre ou mélancolique admira-
tion ; en leur présence, l'homme se sent anéanti, tandis
que dans un vallon parcouru par des eaux courantes il
se sent vivre.

Sur la terre, l'eau symbolise le mouvement par excellence : elle coule et coule toujours, sans répit, sans
fatigue ; les siècles ne parviennent pas à dessécher le
mince filet d'eau qui s'échappe des fissures du rocher
et n'étouffent pas son doux et clair murmure, joyeux, il
bondit de cascatelle en cascatelle, se mêle au torrent
impétueux, puis au fleuve calme et puissant, et se
perd enfin dans la mer immense et mystérieuse, tom-
beau où s'engloutissent tous les cadavres pour rentrer
par leurs éléments dans le vaste sein de la nature, et
devenir autant de vies nouvelles. Qui dit mouvement
dit action : il ne suffit pas à l'eau de descendre dans
un lit tout creusé, elle ronge, elle mine, elle érode, elle

entraîne, elle soulève incessamment les terres et les rochers qui la contiennent ou qui s'opposent à son cours ; caillou à caillou, grain de sable à grain de sable, elle porte les montagnes dans la mer ; elle n'est pas seulement, comme le dit Pascal, un chemin qui marche, elle est aussi une masse continentale en voyage, qui, dans les siècles d'hier, était couverte de la neige éternelle des montagnes, et qui demain se fixera sur les bords de la mer et augmentera le domaine de l'homme. Ainsi, les fleuves établissent la circulation des solides aussi bien que celle des fluides; ils sont comme le sang de l'homme, une chair encore fluide. Nous tâcherons d'examiner ici de combien de manières diverses les fleuves travaillent au renouvellement de l'étendue continentale qu'ils parcourent.

Tout courant d'eau tend constamment à régulariser sa pente, à l'augmenter où elle est presque insensible, à la diminuer où elle est trop rapide. Quand un torrent des montagnes tombe dans le bassin d'un lac, ses eaux impétueuses et chargées de sédiment se trouvent tout à coup arrêtées dans leur chute par la masse tranquille qui les reçoit ; les cailloux, les débris de toute nature qu'elles roulaient s'arrêtent, le sédiment qu'elles transportaient se précipite, remplit l'extrémité supérieure du lac et diminue d'autant la capacité de son bassin ; aussi l'embouchure du torrent avance-t-elle sans cesse dans l'intérieur du lac, et celui-ci doit finir par se combler. D'un autre côté, il est évident que le lit du torrent se hausse à mesure qu'il empiète sur le lac, car s'il restait horizontal comme la surface du lac qu'il remplace, le torrent n'aurait plus la force de débiter les eaux rapides qui lui descendent des champs de neige et des glaciers ; il est donc obligé d'augmenter sa pente et de hausser son lit par un ensablement régulier dans la partie supérieure du ci-devant lac. A l'autre extrémité du lac, dans sa partie la plus basse, se montrent des phénomènes tout opposés. Là une pente très prononcée, souvent même des courants rapides ou une cataracte, succèdent brusquement à la surface horizontale de l'étendue lacustre, et l'eau, par suite des simples lois de la pesanteur et de la friction, ronge incessamment le rebord inférieur du bassin qui la contient ; ce rebord inférieur recule donc sans cesse et diminue d'autant la hauteur du lac ; en même temps la pente de la rivière devient de moins en moins rapide, en raison directe de l'abaissement de son niveau. A l'extrémité supérieure du lac, le lit de la rivière se hausse et le bassin se comble ; à l'extrémité inférieure, le lit se creuse et le bassin baisse de niveau ; à la fin, les deux lits se rencontreront à mi-chemin, et le lac aura cessé d'exister.

Une fois le lac desséché, d'autres régulateurs interviennent pour recevoir le trop plein des eaux dans les saisons pluvieuses et le reverser dans le lit du fleuve pendant les saisons de sécheresse ; ces régulateurs sont les marais qui accompagnent à droite et à gauche les cours d'eau laissés encore à l'état de nature. C'est ainsi que les marais longeant le Mississipi, le Marañon, le Parana, absorbent pendant les inondations une grande partie des eaux de la crue ; quand le niveau des eaux a baissé dans le fleuve, les marais rendent ce qu'ils ont reçu et servent à maintenir la hauteur régulière de l'étiage.

Si l'on draine les marécages, la masse des eaux s'élève lors des crues à une hauteur beaucoup plus considérable dans le lit du fleuve et inondent les campagnes. Mais les inondations deviennent de nouveaux régulateurs pour le débit des eaux, et cela par leur irrégularité même : la couche d'eau qui recouvre les champs est arrêtée par les inégalités du terrain et les massifs d'arbres ; ne pouvant suivre le courant du fleuve dans sa course impétueuse elle reste en arrière, comme un lac temporaire, jusqu'à ce qu'elle puisse revenir dans son lit naturel ; aussi les vagues d'inondation diminuent-elles toujours de hauteur à mesure qu'elles avancent vers la mer, et finissent-elles par disparaître complétement. La crue moyenne du Nil va sans cesse en décroissant d'Assouan où elle a 9 mètres de hauteur, jusqu'à Rosette et à Damiette, où elle n'atteint guère à plus d'un mètre. Il en est de même pour tous les autres fleuves. Les inondations causent souvent de grands désastres, mais le plus souvent parce qu'on a augmenté leurs effets destructeurs par des travaux entrepris sans de larges vues d'ensemble, par des levées, digues ou empierrements. En les utilisant, en les réglementant, l'homme pourrait les faire travailler à son profit, comme de puissants agents pour la culture du sol ; mais là même où elles fouillent le terrain, arrachent les arbres, emportent les maisons, elles déposent la terre fine qu'elles portaient en suspension, et renouvellent par leurs alluvions la couche de terre végétale. Le ravage est bientôt réparé, mais le mélange des terres opéré par leur moyen produit ses bons résultats pendant de longues années. La masse d'eau que roule le Nil pendant les grandes

inondations semblerait au premier abord devoir être
bien terrible, puisqu'alors elle est trente-deux fois
plus considérable qu'au plus bas étiage; mais que
serait l'Égypte dé Thèbes aux cent portes, de Memphis
et du Caire, sans les inondations qui, mêlant leur terre
finé aux sables transportés par le vent, forment de ce
mélange un sol nourricier d'une incomparable fertilité?
Grâce à l'eau du Nil, cette artère de l'Égypte, le sol
se renouvelle périodiquement; que l'artère cesse de
couler, le corps cessera de vivre.

Le fleuve ne se contente pas de rajeunir le terrain
en lui apportant ses alluvions pendant les grandes
eaux, il remanie le sol tout entier de la vallée, en
creusant son lit tantôt d'un côté, tantôt de l'autre. Il est
certain que tout cours d'eau, par la force même de la
pesanteur, cherche à atteindre l'Océan par la pente la
plus rapide, et si aucune circonstance extérieure ne fai-
sait dévier les fleuves, ils se creuseraient un canal en
ligne droite, afin d'obtenir leur maximum de pente; mais
il suffit d'un obstacle placé dans le centre du courant ou
d'une impulsion latérale quelconque imprimée à la
masse liquide pour rejeter le fleuve à droite ou à gauche.
La première déviation une fois obtenue et la première
anse formée, le fleuve doit nécessairement former une
suite de méandres, par la loi de réciprocité des anses
qui n'est autre chose que la loi du pendule. Chaque
oscillation provoque une oscillation égale et isochrone
en sens inverse; chaque méandre provoque un autre
méandre d'un égal rayon et d'une vitesse isochrone de
courant. Si l'économie d'un fleuve ne changeait par la
différente composition des terrrains et par l'immense

variété des obstacles de toute sorte qu'il rencontre, ce fleuve soumis dans son cours inférieur à n'importe quelle impulsion latérale descendrait vers l'océan en formant des méandres aussi réguliers que les oscillations du pendule ou les girations d'un boulet de modérateur.

Quand la force du courant frappe contre le rivage, elle déchire le terrain, dissout les particules solubles, entraîne les sables grossiers et creuse toujours plus profondément la courbe de l'anse dans l'intérieur des terres ; mais, en se brisant contre le rivage, le courant change de direction jusqu'à ce qu'il vienne se heurter au bord opposé ; là il déchire et fouille encore pour être rejeté de nouveau sur l'autre rivé et y faire également ses travaux d'excavation ; c'est ainsi que par cette loi d'équilibre, le courant affouille alternativement chaque bord, tandis que les alluvions se déposent sur les pointes des deux anses. Les méandres décrits, par suite de l'alternance des anses et des pointes, sont quelquefois presque entièrement circulaires et l'embarcation partie de l'anse supérieure décrit une longue courbe avec le fleuve, et quand elle arrive enfin dans l'anse inférieure, elle se retrouve en vue du point de départ qu'elle a quitté depuis longtemps.

A force d'affouiller l'anse supérieure et l'anse inférieure en sens inverse l'une de l'autre, le fleuve rétrécit constamment l'isthme ou *cou* qui rattache encore la péninsule aux plaines environnantes, et enfin le jour vient où, l'isthme disparaissant, les deux anses se rejoignent et le méandre du fleuve est devenu une parfaite circonférence. Alors toute la masse des eaux se préci-

pite en ligne droite le long de la pente rapide formée par
la jonction des deux anses, et l'eau qui reste encore dans
l'ancien lit devient paresseuse et dormante, à cause du
peu de pente que lui offre, relativement au nouveau
passage, l'énorme développement du méandre. Les eaux
rapides et bourbeuses du lit supérieur, en venant frapper
contre les eaux tranquilles de l'ancien méandre, sont
inopinément arrêtées ou même refoulées en arrière ; elles
laissent tomber les débris terreux qu'elles tiennent en
suspension et c'est ainsi qu'il se forme peu à peu des
levées naturelles de sable et d'argile entre l'ancien et
le nouveau lit du fleuve ; une levée semblable ne tarde
pas à séparer également les deux lits de l'anse inférieure, de telle sorte que le méandre finit par n'avoir
plus aucune communication avec le nouveau courant
du fleuve, ses eaux deviennent stagnantes ; il est trans-
formé en lac. Dans le bassin du Mississipi, du Marañon,
du Gange, du Rhône, du Pô, le nombre de ces lacs
circulaires est très considérable, et l'on peut suivre des
yeux comme trois fleuves, dont l'un, actuel et vivant,
roule ses eaux sans interruption de sa source à la mer,
tandis que les deux autres, l'un à droite, l'autre à
gauche, sont de véritables cadavres ; leurs vertèbres
épars le long du fleuve actuel indiquent encore la place
où jadis ils déroulaient leurs anneaux.

De méandre en méandre le fleuve arrive enfin à son
delta où il se divise en plusieurs bouches, et produit
dans l'économie du globe des changements d'autant
plus remarquables, que la masse de boue en suspension dans son eau est plus considérable. Charles Ritter
a nommé *fleuves travailleurs* les cours d'eau qui dé-

posent sans cesse des alluvions à leur embouchure et avancent progressivement sur la mer ; mais tous font leur part de travail dans une plus ou moins forte proportion ; ce qui fait la célébrité des grands deltas du monde, c'est que la terre y empiète sur l'Océan comme à vue d'œil et qu'il suffit d'un aussi court espace de temps que celui de la vie d'un homme pour que la baie salée devienne une campagne, le champ de fucus une forêt majestueuse. Le Hoangho semble être parmi les fleuves le plus grand *travailleur* ; déjà ses alluvions ont réuni au continent l'île montagneuse de Shantung, formé l'île de Tsongning, longue de 100 kilomètres et large de 25, et se déposent continuellement au fond de la mer en quantités si considérables, qu'elles suffiraient pour former dans l'espace de vingt-cinq jours une île d'un kilomètre carré de surface et d'une profondeur moyenne de 25 mètres.

D'après M. Élie de Beaumont, le Shat-el-Arab avance son embouchure dans le golfe Persique de 60 mètres par an, bien qu'une grande partie des matières terreuses qu'il contient se dépose sur ses bords pendant les crues, mais aussi la masse de sédiment contenue dans l'Euphrate égale, dit-on, la 80ᵉ partie de l'eau. Dans le Gange, le limon ne formerait que la 528ᵉ partie de la masse des eaux du fleuve, et du reste une très grande quantité de ces alluvions se perd dans l'immense profondeur de cette grande dépression maritime qui se trouve à 50 kilomètres de l'embouchure du Gange et qu'on appelle le gouffre sans fond (*great swatch*). Quoi qu'il en soit, les empiétements du Gange sur la mer doivent être énormes, puisqu'il charie de 4 à

5 mètres cubes de limon par seconde. Le Nil, si fameux par ses alluvions fertilisantes, les laisse presque toutes dans les campagnes qui le bordent et n'en porte jusqu'à la mer qu'une faible partie ; aussi n'avance-t-il que de 4 à 5 mètres par an et l'exhaussement du terrain produit par les eaux du Nil ne dépasse-t-il pas 0^m,132 par siècle. Malgré le peu de longueur de son cours, le Pô est un des *fleuves travailleurs* les plus remarquables du monde entier : l'affaissement graduel des rives de l'Adriatique, affaissement que Schielden évalue à 2 mètres au moins depuis la fondation de Venise, ne l'a pas empêché d'avancer de 70 mètres par an pendant les deux siècles derniers. La pointe actuelle se trouve à 23 kilomètres du méridien d'Adria, ville qui se trouvait autrefois sur le bord de la mer Adriatique et qui lui a même donné son nom. Ces énormes travaux accomplis par un fleuve aussi peu considérable ne doivent pas étonner, si l'on réfléchit que le Pô endigué par des levées, de Plaisance à la mer, est obligé de transporter toutes ses alluvions à son embouchure, tandis que le Nil, le Gange et nombre d'autres *fleuves travailleurs* se répandent lors de chaque inondation sur une immense étendue de terrain. Quant au Mississipi, il est difficile de déterminer de combien il empiète annuellement sur le golfe du Mexique ; depuis que l'homme civilisé a colonisé ses bords, l'économie du fleuve a tellement changé, que les appréciations les plus diverses ont été faites sur ses progrès annuels. Pendant les cent dernières années, ce progrès a été de 20 mètres par an ; mais il est devenu plus considérable depuis que la construction des levées

empêche l'eau de s'épandre latéralement dans les campagnes, et force toutes les matières terreuses en suspension à descendre vers l'embouchure.

L'influence du travail de l'homme sur la vie des fleuves est énorme, car par la culture on peut augmenter ou diminuer d'une manière très considérable la masse d'eau qui s'écoule dans leurs lits. En défonçant et en labourant les vastes savanes où l'eau glisse sur l'herbe sans pénétrer dans la terre, le colon s'empare au profit de ses cultures d'une grande quantité d'eau qui autrement eût été grossir la masse des rivières ; c'est ainsi que plusieurs cours d'eau de l'Amérique du Sud diminuent de volume d'année en année, à mesure qu'on en cultive les bords. Dans d'autres pays, au contraire, où l'on prend à tâche de drainer et de dessécher les terrains trop humides, la quantité d'eau augmente dans les artères fluviales. En Angleterre le drainage souterrain est devenu presque universel, et chaque goutte d'eau qui n'est pas absorbée par les vaisseaux des plantes, trouve une pente artificielle ou naturelle vers le ruisseau voisin ; aussi la masse des eaux courantes est-elle devenue beaucoup plus forte qu'auparavant. De même aussi nous pouvons prédire qu'en Allemagne, où le volume des eaux du Weser, de l'Elbe, de l'Oder, de la Vistule a constamment diminué depuis un siècle, par suite de la mise en culture de toutes les campagnes, ce volume augmentera de nouveau en proportion des travaux de drainage entrepris pendant le siècle actuel. Prenons encore l'exemple du Mississipi, et supposons que l'on dessèche les vastes marais situés sur ses bords ; aujourd'hui ils absorbent

40 0/0 des eaux du fleuve, et sont tellement vastes qu'il
faudrait quarante-quatre jours au Mississipi tout entier
pour les remplir ; mais si on les draine, aussitôt il fau-
dra augmenter de 5 mètres la hauteur des digues de la
basse Louisiane, et le niveau des eaux du Mississipi sera
à l'époque des crues de 10 à 12 mètres plus élevé que le
sol des campagnes adjacentes. Tels seront les résultats
du travail de l'homme dans un avenir très prochain.
En endiguant le fleuve, on exhaussera son niveau et on
ne lui permettra pas d'exhausser en proportion le niveau des plaines qui bordent son lit.

Une autre raison doit faire hausser d'une manière
constante le lit des *fleuves travailleurs* en amont de
leur embouchure, et cette raison, c'est l'allongement
du delta. En effet, comme nous l'avons dit précédem-
ment, à mesure que le fleuve avance ses bouches dans
la mer, il faut qu'il se crée une pente pour pouvoir débiter la masse d'eau que lui apportent incessamment
les affluents de son bassin, et pour créer cette pente,
il ensable son lit et l'élève de plus en plus au-dessus
du niveau du sol. Ainsi la construction même des levées latérales, en allongeant outre mesure la pointe du
delta, oblige l'habitant riverain à leur donner une hauteur et une solidité de plus en plus grandes. C'est un fait
bien connu que les eaux du Pô à Ferrare ont leur surface plus élevée que les toits des maisons de la ville ; de
même le Pian, bras sud du Hoang-ho, coule à 35 mètres
au dessus de la ville de Kaifong-fu, capitale du Honan, et
l'on raconte même qu'une seule crevasse dans les digues
causa la mort de 200 000 personnes. En 1856, pendant
la terrible guerre civile qui sévissaient alors, les levées
du Hoang-ho proprement dit ont été négligées, et le

fleuve, brisant ses digues, a quitté son lit pour se diriger, comme autrefois, vers le golfe de Petcheli à 350 kilomètres au nord de l'embouchure marquée sur les cartes.

L'élévation du cours inférieur des fleuves au-dessus de la surface des plaines environnantes explique de la manière la plus simple les déplacements continuels des bouches du delta; qu'une brèche se forme dans la digue latérale, aussitôt une partie considérable de l'eau du fleuve s'échappe par cette ouverture et descend vers la mer par un nouveau lit qu'elle se creuse peu à peu à travers les terres basses, les marais et les lagunes du delta. C'est ainsi que les fleuves dont l'économie n'a pas été modifiée par le travail de l'homme ont des embouchures changeantes, qui se promènent à travers le delta et déposent leurs sédiments dans les lagunes de manière à hausser uniformément le terrain et à le mettre partout au niveau des grandes inondations. Ce travail d'exhaussement général et uniforme du sol est singulièrement aidé par les barres et les cordons de sable que la mer accumule à l'entrée même des embouchures et tout autour du littoral, forçant ainsi le fleuve à s'épandre latéralement et à combler de ses alluvions les lagunes comprises entre deux bras du fleuve et le cordon littoral. Aussi le nombre et la direction des embouchures d'un *fleuve travailleur* changent-ils con·stamment, même dans la période historique : les sept fameuses bouches du Nil n'existent plus, et les deux qui existent encore, celle de Rosette et de Damiette, paraîtraient, d'après le témoignage d'Hérodote, avoir été creusées de main d'homme.

La nature *erratique* des fleuves dans leur partie inférieure fait souvent que deux cours d'eau, naguères parfaitement distincts et indépendants l'un de l'autre, confondent leurs deltas et leurs bouches principales. Nous avons cité l'exemple du Shat-el-Arab. De même, l'Adige et le Pô tendent à se réunir, et c'est par de grands travaux seulement qu'on a pu empêcher jusqu'à aujourd'hui leur jonction complète. Dans le Mississipi, ce fleuve déjà si remarquable à tous autres égards, nous voyons le phénomène de trois fleuves, jadis indépendants, unis maintenant dans le même delta. Autrefois, la rivière Washita descendait à la mer par l'Atchafalaya, qui maintenant est le second bras principal du Mississipi, mais alors était un fleuve à part; de son côté, la rivière Rouge coulait dans la vallée de la Tèche où elle a laissé des traces nombreuses de son passage. Peu à peu les méandres opposés de la rivière Rouge et du Mississipi se sont rapprochés l'un de l'autre ; à la fin ils se sont confondus et le Washita-Atchafalaya a été pour ainsi dire coupé en deux parties, dont l'une, celle du nord, est devenue l'affluent, et l'autre, celle du sud, l'effluent du Mississipi.

Si des rivières distinctes s'unissent, d'autres, autrefois confondues, se séparent et prennent des directions contraires. Ainsi, par suite de l'exhaussement graduel du Gange, les grandes rivières Saraweti et Gagar, incapables de gravir la pente de plus en plus haute que leur offrait le bord du fleuve, ont été obligées de se diriger vers l'ouest et de se jeter dans le Sutledj. La Sone s'unissait autrefois au Gange, près de la ville de Patna, mais, par la même raison, l'embouchure de cette rivière a été rejetée à plus de 50 kilomètres en amont de Patna, et si l'exhaussement continue, la Sone finira comme le Saraweti et le Gagar, par être rejetée dans le bassin du Penjaub. C'est ainsi que les rivières se promènent sur la surface de la terre, portant avec elles le mouvement et la vie.

On a longtemps disputé sur la quantité d'alluvions que tous les fleuves de la terre apportent dans la mer, mais les données nous manquent encore pour la pouvoir apprécier exactement. Manfredi suppose que les détritus entraînés dans la mer suffiraient pour en exhausser le fond d'un mètre en 3000 ans, tandis que Tyler se croit autorisé par des calculs rigoureux sur les alluvions du Mississipi, à dire que les atterrissements des fleuves ne pourraient hausser le niveau de l'Océan que de 8 centimètres tous les 10 000 ans, ou que d'un mètre en 125 000 ans. Quand on réfléchit à la grandeur de l'Océan et à la petitesse des cours d'eau comparés à sa masse, ce dernier calcul lui-même témoigne de l'activité extraordinaire que déploient les cours d'eau pour agrandir la surface des continents. En adoptant l'évaluation approximative de Keith Johnston, d'après lequel 175 kilomètres cubes d'eau se déversent journellement dans la mer, et en supposant que la masse d'alluvions contenue dans l'eau des fleuves ne soit que de $\frac{1}{3000}$, comme dans le Mississipi, nous aurions une masse totale de près de 60 000 000 de mètres cubes déposés journellement à l'embouchure des fleuves, soit, par an, 2160 kilomètres carrés de 1 mètre de hauteur, ou plus de 2 kilomètres cubes.

Ainsi les fleuves érodent peu à peu les montagnes pour remplir les mers avec leurs débris, et les change-

ments qu'ils opèrent dans la forme des continents
tiennent presque du merveilleux. Déjà la mer Baltique
n'est plus, pour ainsi dire, qu'un intermédiaire entre
une *méditerrannée* et un enchaînement de lacs d'eau
douce. La masse d'eau que lui apportent les fleuves est
toujours la même, tandis que sa superficie et sa profondeur diminuent constamment ; son eau va finir par
devenir complétement douce, et s'écoulera par le dé-
troit du Sund, devenu le fleuve Saint-Laurent de l'Europe. Entre la Suède et l'Allemagne, cette mer n'a déjà
plus qu'une profondeur de 40 mètres ; et cependant,
les couches de sel gemme, formées pendant les âges
géologiques, par la mer Baltique elle-même, se trouvent aujourd'hui à 100 et 150 mètres au-dessous de son
niveau, sa profondeur était donc trois ou quatre fois
plus considérable qu'aujourd'hui. Un jour, nous dit
Bory de Saint-Vincent, un jour, la Méditerranée elle-
même ne sera plus qu'un enchaînement de lacs, puis
qu'un gigantesque fleuve. Déjà la mer d'Azof, la mer
Noire, la Propontide peuvent se comparer aux lacs Supérieur, Huron, Michigan ; les îles de l'Archipel formeront plus tard un dédale de lagunes semblables à celles
qui bordent la mer Baltique, le golfe de Venise ne sera
plus que le prolongement de la vallée du Pô, et les deux
grands bassins de la Méditerranée, séparés par la barre
sous-marine Siculo-Africaine, formeront deux lacs de
plus en plus rétrécis dont les eaux alimenteront le plus
grand fleuve du monde. Alors le Dniéper, le Danube
et le Pô seront de simples rivières tributaires ; peut-
être même que le Nil déjà si peu considérable à son
embouchure perdra toute son eau par l'évaporation,

avant de pouvoir atteindre le fleuve Méditerrannée et deviendra un cours d'eau entièrement continental, comme le Shary, l'Houach et le Jourdain.

Si cette étude a pu donner une idée de l'action des fleuves sur les continents, elle ne pourrait dire leur influence sur l'homme, que raconte l'histoire. C'est dans leur courant que descendait le canot du barbare portant avec lui la guerre, que descendent ou remontent aujourd'hui les flottes commerciales portant la paix et le bien-être. La vapeur a changé les fleuves en chemins qui marchent à la fois en avant et en arrière, une population flottante se croise constamment sur leur surface. Loin de limiter les nations, les fleuves les mobilisent, ils sont les continents faits mouvement ; par eux, les Andes descendent sur l'Atlantique et les montagnes Rocheuses sur le golfe du Mexique. La France, que les Vosges séparaient de l'Allemagne, a fondé une colonie sur les bords du Rhin ; aussitôt le fleuve où se réfléchissaient les tours et les murailles françaises, en a porté l'image en pleine Allemagne et jusqu'à la mer. Les fleuves sont bien les veines et les artères des continents ; car non-seulement ils entraînent avec eux les alluvions, mais encore ils portent sur leurs eaux l'histoire et la vie des nations.

Paris. — Imprimerie de L. MARTINET, rue Mignon, 2.

www.ingramcontent.com/pod-product-compliance
Ingram Content Group UK Ltd.
Pitfield, Milton Keynes, MK11 3LW, UK
UKHW021150140726
13695UKWH00005B/2059